JN070237

牛がおしえてくれたこと

高田千鶴

雪が舞い、桜が舞い、牛が舞う。

都心から電車で 50 分、駅から歩いて 5 分。
私の住む街、東京都八王子市には、牧歌的な風景が広がる、“とっておき”の場所があります。ここ磯沼牧場では、いつも牛たちが、まんまるの大きく優しい瞳で、表情豊かに語りかけてくれています。
牛はきっと、みなさんのすぐ隣にも。
今度の週末、牛に会いに行きませんか？

目次

第1章

牛と感じる四季

春には桜が咲いて

夏には緑がまぶしく光り

秋には樹々が色づきはじめ
ふと空を見上げると
牛たちの上にはハートの雲

空気（くうき）の澄（す）みわたる冬（ふゆ）

雪景色(ゆきげしき)に出会(であ)えることも

牛に会いたくて、牧場へ行く。
そこには大きな空が広がっていて
緑の深さ、風の冷たさ、空の遠さが
季節の移り変わりをおしえてくれます。

牛たちのそばで季節を感じる。
そんな穏やかな時間がとても好きです。

第2章

牛とともに

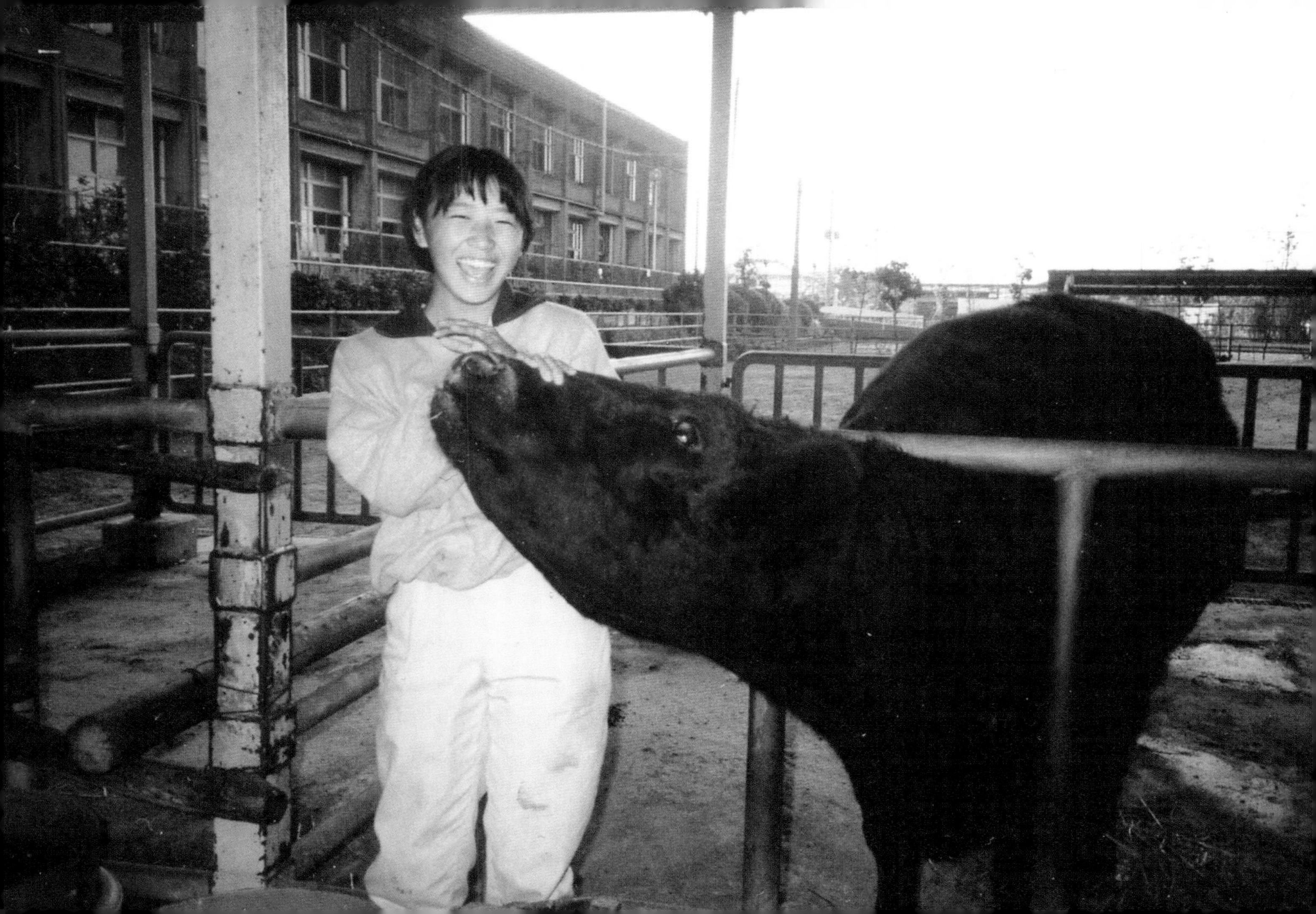

牛との出会い

私は今、牛写真家として、牛の命と向き合う日々を送っています。小さいころから動物が大好きな私が、牛と出会い、モーレツに惹かれ、幾多の出会いと別れ、葛藤を繰り返しながら牛写真家となるまでの道のりを、まずはご紹介したいと思います。

牛との出会いは小学校時代にまでさかのぼります。大阪府泉大津市に生まれた私は、小学4年生のときに南河内郡美原町（現・堺市美原区）という小さな町に移り住みます。美原町は、府内で唯一動物を飼養している大阪府立農芸高等学校がある町です。ある日、友人の家に遊びに行こうと農芸高校の敷地内の通路を通ったときのこと。「モー」と静かに響く牛の鳴き声が聞こえてきて、私は、「なんて楽しそうな学校！」「大きくなったら、絶対この高校に通いたい！」と、すぐさま心に誓いました。

まさに“運命”の瞬間でした。

中学生になっても、その想いは変わらず、迷うことなく農芸高校を志願し、1994年の春に同校の資源動物科に入学しました。

農芸高校に入学後、まずはローテーションで牛・豚・小動物などのいろいろな動物の世話を体験しました。牛の糞をフォークで混ぜて堆肥をつくる作業ではみんなで糞まみれになりながら笑い合ったり、豚の毛が竹ぼうきのようにかたいことに驚いたり、牛の鼻がやわらかく濡れていることを感じたりと、サラリーマンの家庭に育った私には、何もかもが新鮮でした。

ひととおりの動物の世話を経験した中で、一番大変だと感じたのは牛の世話でしたが、それ以上に、時折触れ合える牛たちがとてもかわいくて、大家畜部（牛部）を選択し、3年間牛の世話をすることにしました。

牛の命と向き合う人生の始まりです。

夢中で牛の世話を

牛の世話は早朝から始まります。搾りたての生乳を乳業メーカーへと運ぶタンクローリーが回収に来るまでに、掃除、エサやり、搾乳を済ませなければいけないからです。牛たちと、酪農家の皆さんが毎日朝早くから働くことで、新鮮な牛乳が食卓に並ぶのだと実感しました。

そして酪農の仕事は、何かと体力を使います。エサとなる乾草はひと巻きで20～30kgほどあって、高く積まれている乾草を降ろして一輪車に乗せる作業に、はじめは何分もかかりました。牛が食べ残して水を吸ったエサはとても重いし、牛の糞尿も重い。それらを掃除する作業はなかなか骨が折れますが、汗まみれ、糞まみれになりながら、気がつくと10kgのエサ袋を両肩に乗せて余裕で歩けるほどの力持ちになっていました。1年生のうちは毎日堆肥づくりに明け暮れていましたが、「2年生になれば子牛の世話ができる！」という希望を胸に、ひたすら目の前の力仕事をがんばりました。

２年生に進級する春休みに、念願だった子牛のお世話を担当する機会がめぐってきました。お母さん牛は、黒が多くシュッとした綺麗な顔立ちのローラ。お父さん牛はアメリカ在住のホルスタインです。牛の多くは人工授精など、人の手によって交配され、生まれてきます。

生まれて来る子牛がメスだと、その子牛が成長した先で妊娠・出産をして、お乳を出すようになるため、乳牛として学校で育てることができますが、オスの子牛は乳牛にはなれないので、生後数週間で肥育牧場に出荷され、そこでしばらく育てられたあと、お肉となります。毎日私はローラのお腹をなでながら、子牛がメスであることを願わずにはいられませんでした。

3月23日。いよいよローラの出産が始まり、するりと生まれて来たのはオスの子牛でした。正直、少し悲しかったけれど、とにかく元気よく生まれてきてくれた！ それだけで十分でした。生まれたての子牛は鼻に羊水か何かが詰まって少し息が苦しいようでした。それを自分の口で吸って吐き出したときのしょっぱい味は今でも忘れられません。生まれてすぐに、震えながらも自分の脚で立ってくれた。その感動も鮮明に覚えています。49kg で生まれてきた、私より少しだけ小さい赤ちゃん。かわいくて、嬉しくて。

牛写真家の原点

子牛に「りく」と名付け、親代わりとして始まった子牛の世話は、大変なことも多々ありましたが、本当に幸せな日々でした。

りくの世話をするためならと、春休み中にもかかわらず毎日学校に通い、いつも一緒に過ごしました。ミルクをあげたあと、しばらく私の指を吸って離さないりく。催促の頭突きもよくされました。この頭突きは本来、子牛が母牛のおっぱいを突いて刺激することで母牛の乳房が張り、たくさんお乳が出るようになるためのもの。私をいくら突いてもお乳は出ませんが、それでも私をお母さんだと思って頭突きしてくるりくが愛おしくてたまりません。友だちに何度も「親ばかやなぁ」と笑われながらも、1日1日を大切に、私なりに大事に育てていました。

それでもりくは数週間後には出荷され、離れ離れになってしまうのです。「りくの生きている証を残したい」と、毎日のように写真を撮りました。それが牛写真家としての原点になっています。

腕まくらでお昼寝。起きるころにはりくの頭の重さで腕がビリビリしています。そんな腕のしびれを差し引いても、自分に身を任せてくれるりくはとにかくかわいいのです。

りくがこの世に生まれてくれて、その世話をさせてもらえて、命の大切さを実感し、牛への愛情や感謝の気持ちが私の中で特別大きなものとなりました。

りくとの別れ

5月の半ば。生まれて51日目に、りくは肥育農家さんの元へと売られていきました。当日は雨が降っていたので、朝のお散歩を断念し、子牛小屋の中でゆっくり過ごしました。

始業時間となり、教室へ向かいましたが、休み時間のたびに牛舎に走り、りくがいることを確認しました。ですが4時間目の授業中にトラックが来て運ばれてしまい……。一番最後にお別れすることは叶わず、涙でぐしゃぐしゃになりながら、声をあげて泣きました。あの悲しみは、一生忘れることはないと思います。

りくはあれからどこでどんな風に育てられたのだろうか。当時の自分には、その行方を追っていくことはできませんでしたが、優しい牧場主さんに育ててもらえたと信じたいです。

忘れられない牛

私には、どうしても忘れられない牛がもう１頭います。黒毛和種のなずな丸です。

りくとの別れから半年ほど経った２年生の秋に、乳牛ばかりの学校で唯一飼われていた肉牛のなずな丸のお世話を先輩から引き継ぎました。そのときすでに、なずな丸は２週間後にはお肉として売られていくことが決まっていました。

先輩からは「暴れるから気を付けて」と聞かされていたなずな丸。確かに、はじめは乾草をあげるたびに頭突きをされていましたが、毎日根気強く接しているうちに、少しずつ私に慣れてくれたようで、首や頬をかかせてくれたり、時折、甘えるような仕草も見せてくれるようになったと感じました。すぐにお別れすると頭では理解していても、牛たちを前にすると、やはり愛情を注がずにはいられないのです。

出荷される数日前に、最後に何かしてあげられることはないかと考え、思い切って全身を洗うことにしました。友人と３人がかりで、これまであまり手入れされていなかった頑固なヨロイ（体に付いてかたくなった糞や汚れのかたまり）を、水とタワシで洗い落とし、蹄も綺麗に磨きました。自己満足かもしれませんが、すっきりピカピカになった蹄で大地を踏むなずな丸は、心なしか誇らしげにしているように見えました。

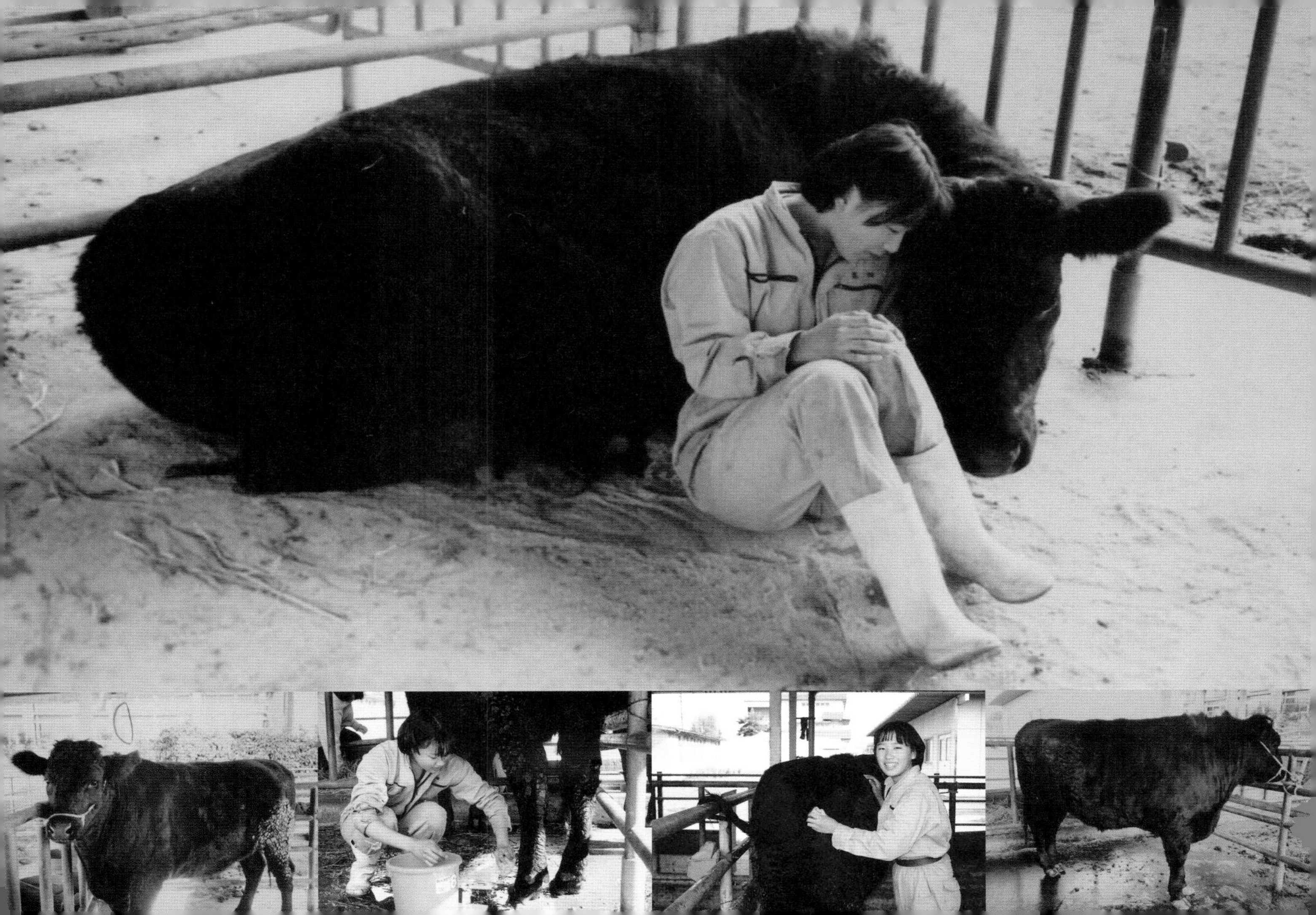

「いなくなる」ということ

少し距離が近づいたと思った数日後、なずな丸の出荷の日が来ました。迎えのトラックが来たとき、私は体育の授業中でしたが、当時の牛部の担当だった先生が呼びに来てくださり、体育の先生に事情を話すと優しく送り出してくださいました。

夢中で走って牛舎に到着すると、トラックは今まさに出発しようとしているところで、なずな丸は今まで聞いたこともないような大きくて不安げな声で鳴いていました。私がトラックの荷台に足をかけ、涙を堪えながら、なずな丸の頬をそっとなでると、少し落ち着いた様子でじっと、静かにこちらを見つめます。その瞬間、私は涙が溢れて止まらなくなりました。覚悟していたつもりでしたが、いざトラックが動き出し、再び大きな叫び声をあげながら次第に去っていくなずな丸を見送るのは、胸が張り裂ける思いでした。

りくはまだ小さかったので、どこかの牧場で大きくなるまで、もうしばらく生きているという希望がありました。でもなずな丸は、そのまま屠畜場へ向かい、命を絶たれます。

しばらく立ち尽くし、授業に戻るために歩きはじめましたが、途中の渡り廊下でまた涙が溢れてうずくまって泣いていると、通りがかった先生から「どうしたんや？」と声をかけられました。「牛が売られていったんです」と答えると「そうか……。落ち着いたら戻りや」とだけ言って歩いていかれました。悲しみに寄り添ってくださる先生方や、一緒に泣いてくれる友だち、みんなの優しさに救われながら気持ちを癒しました。

命と向き合う

農芸高校で牛の世話をするようになって、牛を「かわいい」と思う一方で、お肉を食べることについて葛藤した時期がありました。

ですが、高校では毎年秋に収穫祭と慰霊祭を行い、資源動物科が育てた豚と、ハイテク農芸科が育てた野菜を、食品加工科が豚汁にして、みんなで慰霊碑に向かって手を合わせ黙祷してから、いただきます。そうした行事を経験したこともあり、私個人としては、お肉も、野菜も、どちらも育てた人にとっては大切な命であり「動物だからかわいそう」というのは、どこか違うのかなとも思っていました。

そんな思いを巡らせる中で、なずな丸との別れを経験しました。トラックに乗って去っていくなずな丸を見送りながら、絶たれてしまう命なら、せめて美味しく食べてもらいたい。もしも、どこかで余って捨てられるようなことがあるとしたら、自分が全部食べたいとすら思いました。大切に育てた命の最後に、自分にできる精一杯は、もうそれしかないんじゃないか……。なずな丸との別れが大きなきっかけとなり、「食べない」ではなく、美味しく残さず「食べる」ことを大切にしたいと思うようになりました。

今でも「かわいい」や「ありがとう」、また「ごめんね」と、牛に対する感情に迷うこともあります。混沌とした気持ちを抱える私に今、もう1つできることがあるとしたら、牛が“生きている”ことを写真で伝え、そうした命をいただいて、私たちも“生きている”ことをみんなに感じてもらうことかもしれません。

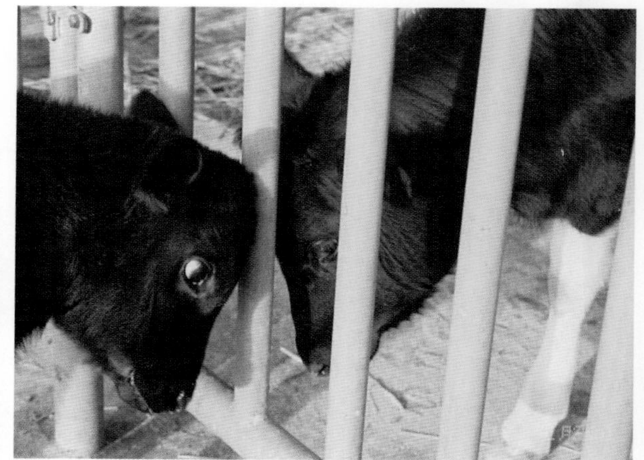

私にとって末っ子になる「定雄」。出産を見届けたいと年末年始も休まず学校へ通い、1月6日に33kgで生まれてきたＦ１（ホルスタインと和牛の交雑種）の子牛です。とにかく甘えん坊で、私のあとや、自分より少し大きな子牛のあとをいつも追いかけていました。

酪農ヘルパーという仕事

高校3年になり、進路選択をするときがきました。先生からは北海道の大学への進学を勧めていただきましたが、当時の私は、机の上で学ぶよりも牛と直接触れ合っていたいな……と考えていました。そんなとき、高校の牛舎に仕事で入っていた先輩から声をかけられ、酪農ヘルパーの道に進むことにしました。

酪農をはじめ、家畜の命を預かる畜産業は、基本、365日休みはありません。

酪農の仕事は毎朝5時ごろから朝のエサやりと搾乳をして10時ごろに午前の作業を終え、いったん休憩したあと、夕方4時ごろから夜のエサやりと搾乳をします。牧草や野菜、お米などを作っている農家さんは、季節によっては昼間も休まずに働いています。そんな酪農家さんがお休みを取るときや、ケガや病気をされたときに、代わって牛舎で仕事をするのが酪農ヘルパーです。

大阪府には当時、酪農ヘルパー協会※という組合があり、7名ほどの酪農ヘルパーが所属していました。そこから、利用申請をされた牧場へ、30頭程度の牛舎だと1人、60頭程度の牛舎だと2人というように、必要な人数が派遣されていました。

当時の大阪府には80軒ほどの酪農家さんがあり、枚方市（キタ）と、堺市（ミナミ）に大きな「酪農団地」がありました。酪農団地は全国各地にあり、1カ所に数軒の牛舎が集まり、飼料購入や糞尿処理などを共同管理しています。

私が酪農ヘルパーの職に就いて、最初に実習に入ったのは堺市の酪農団地にある牛舎でした。その牧場のご夫妻はとても優しく面白い方で、仕事に希望が持て、順調にスタートさせることができました。

※現在は酪農ヘルパー協会ではなく、大阪畜産農業協同組合の事務局が窓口です。

酪農は仕事の始まる時間が早いため、朝の作業のあとに朝食をとることが多く、牛舎で朝ごはんやお弁当を出してくださったり、ある農家さんでは、おじいちゃんと畑でスイカをとって食べながら戦争のお話を聞かせていただいたりと、心温まる思い出がたくさんあります。

また、ある酪農家さんが「どうしたんやお前、今日えらい顔色悪いな〜」と、牛に向かって話しかけているのを見かけたこともありました。白と黒しかない牛の顔から微妙な“顔色”の変化を感じとり、心配して話しかけているその姿を目にして、牛を大事にされているのだな〜と、とても温かい気持ちになりました。

仕事を終えたあとに「ありがとう」と言ってくださる方も多く、たくさんの優しさに触れ、酪農業界の温かさを知ったのはこのころです。

命を感じながら汗を流した日々

前節でも少し触れましたが、牛の大多数は人工授精や受精卵移植によって妊娠し、出産します。妊娠期間はヒトとほぼ同じ280日です。

私は酪農ヘルパーになってから、より深く酪農の仕事にかかわりたいと思い、家畜人工授精師の資格を取得しました（免許申請は数年経ってからになります）。

牛の人工授精は、まず牛の肛門から左腕を入れ、腸の壁越しに子宮頸管を掴み、凍結精液の入ったストローを外陰部から差し込み注入します。そうして妊娠し、出産することで牛はお乳を出し、それを私たちは分けていただいています。

牛には季節による出産ラッシュなどはなく、また1年1産を理想としているため、60頭の乳牛を飼っている牧場だと、単純計算で毎月5頭ほどの子牛が生まれてきま

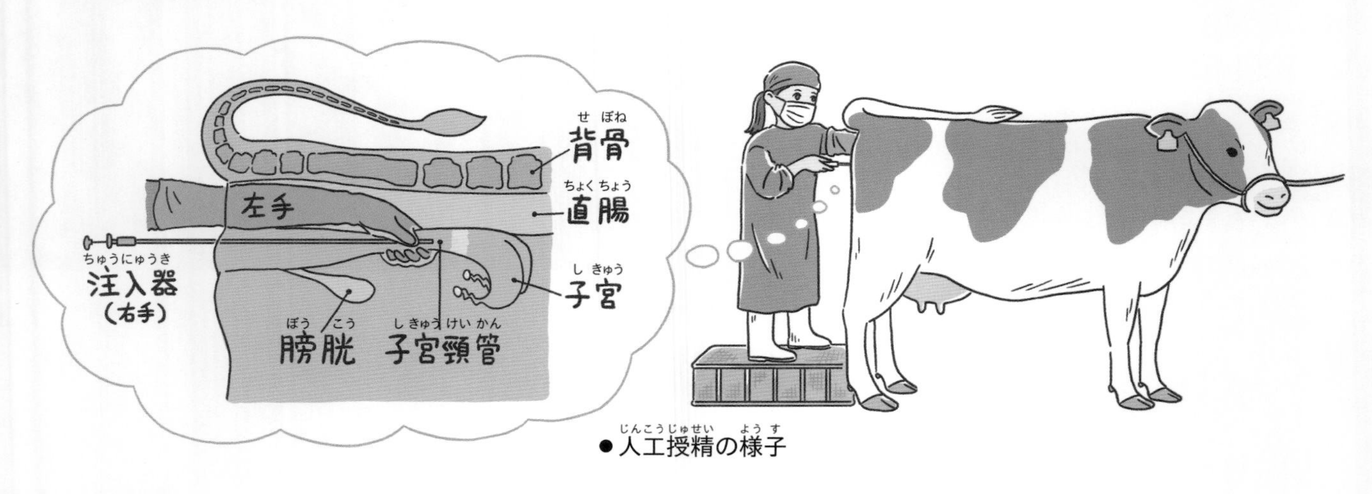

●人工授精の様子

す。酪農の仕事はまさに、命ととなりあわせです。

　あるとき、先輩より先に牛舎に着くと、母牛が産気づいていました。母牛が立ったままの状態で子牛の脚が見えてきて、高い位置から産み落とされ、子牛が地面に落下するかもしれないと危険を感じ、とっさに母牛のお尻の下に両手を差し出して子牛を受け取ったことがあります。そのずっしりとした命の重みは、今も感覚として腕に残っています。

　反対に、自分の命の危機を感じたこともあります。牛たちは毎日、糞尿を60kgほど排泄します。数十頭分の排泄物がバーンクリーナーというベルトコンベアーのようなもので牛舎中から集められ、トラックの荷台に積まれていきます。酪農団地の牛舎ではそれを朝晩、堆肥処理場まで運んで行くのですが、その運搬作業中、堆肥を捨てるためにトラックの荷台を上げた瞬間に前輪が浮いたのを感じました。ああ、このままひっくり返る！　と思った瞬間、脳裏に浮かんだのは走馬灯ではなく「牛のうんこの海の中で亡くなったと新聞に載るのは嫌だ……」という考えでした。幸い、とっさに踏んだブレーキが効き、すぐに停止したので、近くの牛舎の方に助けていただき、九死に一生を得た思いでした。

　また、牛からすると、毎日顔を合わせる酪農家さんとは違い、酪農ヘルパーは“知らない人”です。そのため、搾乳中に牛に蹴られることもよくありました。しゃがんで乳を搾っているときに蹴られて、尻もちをついた瞬間にアキレス腱が切れたこともあります。蹴られたり踏まれたりするのは、痛いし悲しいし、もちろん多少イラっともしますが、そこはぐっと我慢して「ごめんね、びっくりしたよね～」と優しく撫でて、牛を落ち着かせてから搾乳を続けます。

　私たちが日ごろから美味しい牛乳を飲めているのは、酪農家の皆さんがそれぞれの環境の中で、可能な限り牛たちのストレスを軽減させ、牛たちが快適に過ごせているからこそだと思っています。

牛写真家への転身

酪農の仕事はとにかく足腰を酷使します。エサ箱から1頭1頭のエサをスコップですくって与えたり、牛たちが食べ残したエサをほうきで掃いたり、糞尿をかき集めてバーンクリーナーに落としたり。当時、きゃしゃだった私は日々の腰への負担がどんどん蓄積され、気がつくと背骨の疲労骨折を起こし、脊椎分離症と診断されて、2年で酪農ヘルパーの仕事を断念することになりました。

牛のそばから離れ、私の心はポッカリと穴が空いたような状態でしたが、ひとまず働かなければと選んだのはカメラ店でのアルバイトでした。そのころ、友人が「牛の写真集ってなんでないんやろう。あったらいいのに」と発した一言に、私は「それだ！」と直感しました。

牛を被写体として写真を撮ることで、また牛とつながれるかもしれない。そんな希望を見出して、初めて一眼レフカメラを買い、写真の勉強を始めました。

その後上京し、紆余曲折ありましたが、何度挫折しても牛の写真だけは撮り続けました。ゆっくりと技術を磨き、2009年1月に念願の牛写真集『うしのひとりごと』(河出書房新社）を世に出すこととなりました。友人との約束から、ちょうど10年。私の牛と向き合う人生の第2幕、牛写真家のスタートです。

初めて買った一眼レフカメラを持って。牛に会えると、やっぱり嬉しい！

ある日、牛と添い寝をしていたら、通りすがりのご婦人から「あら〜、仲良しなのね」と声をかけられました。このとき、「日本中の牛と仲良くなりたい」という牛写真家としての密かな思いに一歩近づけた気がしました。

牛とおっちゃん

写真集を出版してからは、少しずつ牛に関連した仕事をいただけるようになりました。また、ホームページなどで牛について発信したり、個展やグループ展などでも積極的に牛の写真を発表しているうちに、牛写真家として徐々に名前を覚えていただけるようになりました。元酪農ヘルパーということで、牛の扱いについて信頼してくださり、「好きなだけ撮っていいよ」と、放牧場で一人、牛と遊んだり休んだりしながら撮影させていただけることもあります。

写真撮影で牧場に伺うと、酪農家の皆さんはとても嬉しそうに「わが子自慢」を聞かせてくださいます。牛を見つめる瞳から、本当に牛がお好きなのが伝わってきます。私も牛が大好きですが、農家の皆さんの牛に対する熱さや想い、愛情の深さには到底及ばないと感じさせられます。

長らく「牛」ばかりを撮り続けてきましたが、たくさんの牧場を訪れ、酪農家の皆さんのお話を聞くにつれ、「こんなに素敵な酪農家の皆さんの魅力を、もっとお伝えしたい！」と思いはじめました。そのタイミングで『Dairy PROFESSIONAL』という専門誌（デーリィ・ジャパン社、季刊）からお声がけいただき、2015年の創刊号より「牛とおっちゃん」というフォトエッセイを連載しています。取材として改めてお話を聞かせていただくと、皆さんが、牛の魅力を伝えたい、牛を好きになってもらいたいという強い想いを持っていらっしゃることが、ひしひしと伝わってきます。

牛は経済動物ですから、愛玩動物（ペット）のように天寿を全うすることは少ないです。病気になったときなどは、治療にお金をかけられず、淘汰というつらい選択を迫られることもあります。家畜の命を預かり育てることは、決して「好き」という思いだけではできません。

命の終わりに遭遇して涙を流し、こんなにもつらい想いをして、それでもなお、牛たちのそばにいたいと思えるほどの、強い覚悟と深い愛情がなければ家畜の世話はできないと実感しています。

今の私は、仕事として牛の写真を撮ることもありますが、今でも純粋に牛が好きで、農家さんが好きで、皆さんに会いたくて、公私ともに牧場訪問を続けています。

第3章

子どもたち へ
～酪農教育ファーム～

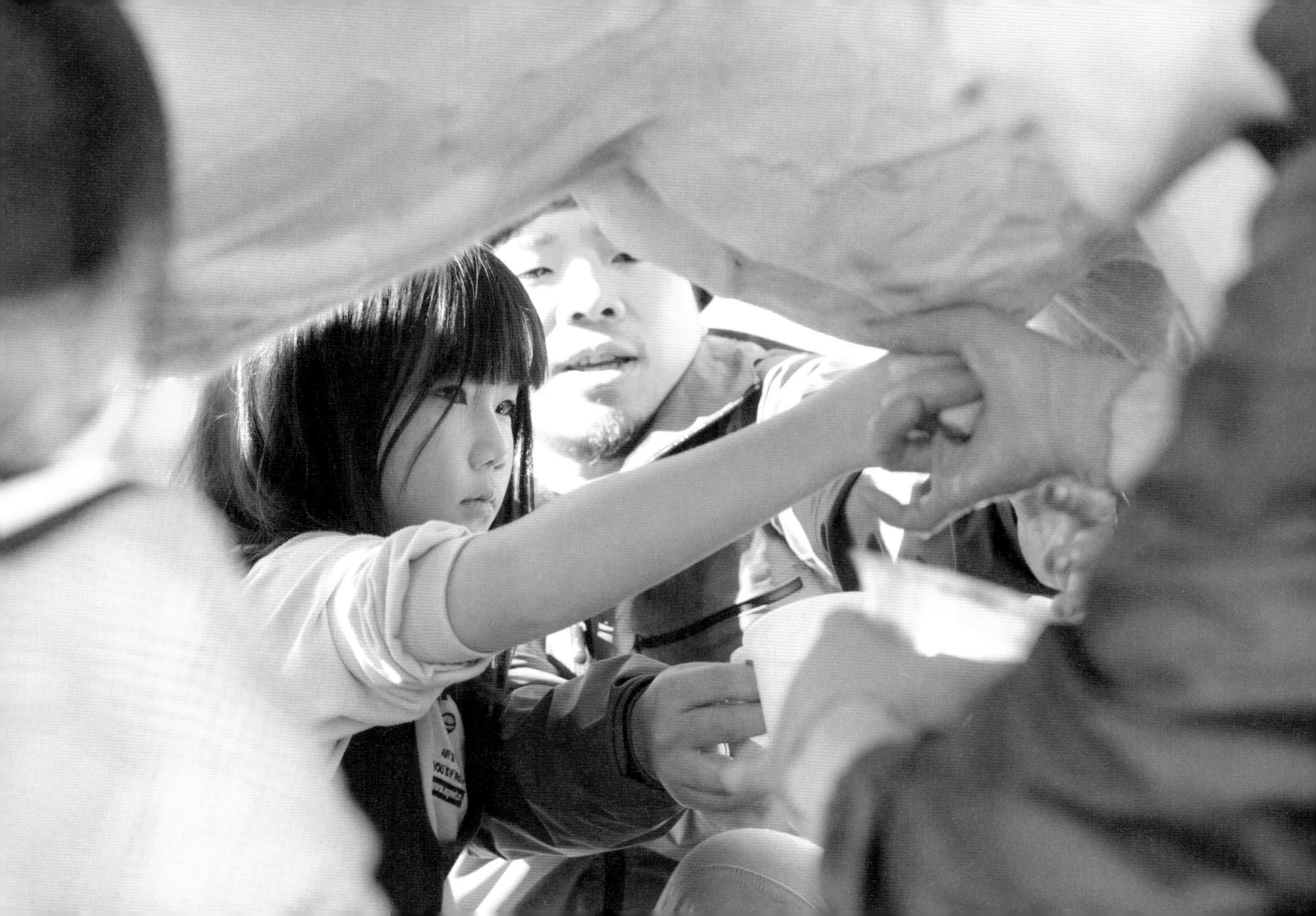

酪農教育ファーム

私自身の出産を機に、これまで自分が牛とともに学んできたことを、わが子にも経験させたい、願わくば牛が好きな子に育ってほしいと、一緒にいろいろな牧場をめぐってきました。牛と触れ合い、酪農家さんの優しさにも触れ、すくすくと素直に育っていく息子を見て、もっとたくさんの子どもたちに、牛や酪農家の皆さんとかかわってほしいと思うようになりました。その矢先に「酪農教育ファーム」という活動に出会います。

酪農を含む畜産業にとって、糞尿などの臭いの問題はいつの時代も懸念されていて、地域の中で安心して酪農業を続けていくには、地域住民などの理解や支持を得ることがとても大切なことだと、酪農家の皆さんは考えています。また一方で、学校などの教育現場では、生活の便利さと引き換えに子どもたちの生活が荒廃していることが懸念され、豊かな心を育む「心の教育」や、命の尊さを学ぶ「生命の教育」などといった「生きる力」に重点を置いた教育の必要性が求められるようになりました。そんな、酪農現場からの「牛のことを知ってもらいたい」という想いと、教育現場からの「命や食について学ばせたい」という想いが重なり、1998年にスタートしたのが酪農教育ファーム活動です。

具体的には、酪農教育ファームとして一般社団法人中央酪農会議（酪農指導団体）より認証を受けた全国各地の牧場で地域の子どもたちの酪農体験を受け入れたり、牧場から小学校へ牛を連れて行き、搾乳や触れ合いなどの体験をしてもらうことで、子どもたちへ食や農、命の大切さを伝えています。

●酪農教育ファーム活動のしくみ

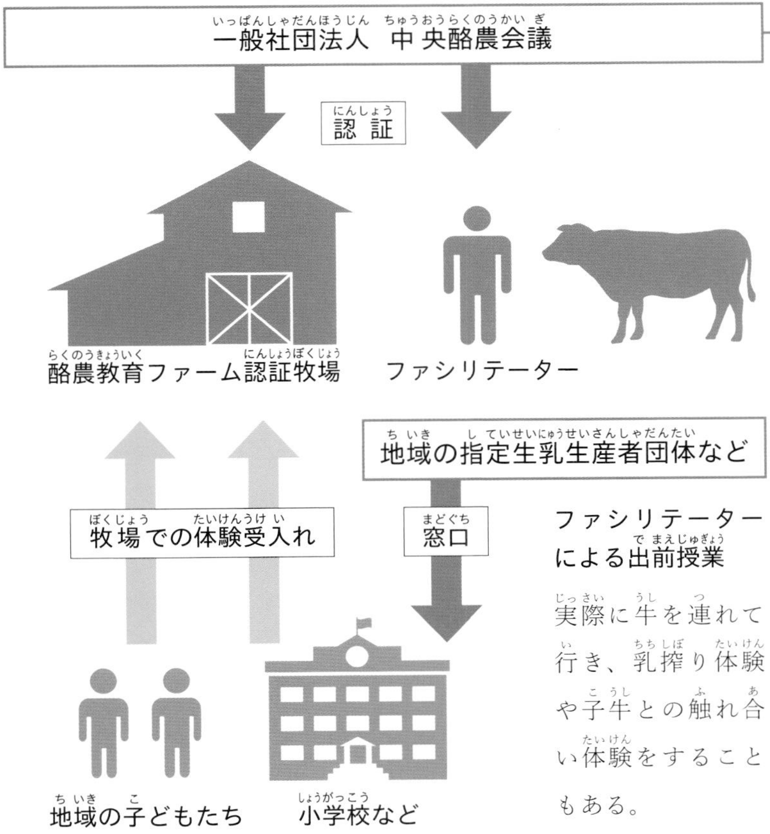

一般社団法人　中央酪農会議

認証

酪農教育ファーム認証牧場

ファシリテーター

牧場での体験受入れ

地域の指定生乳生産者団体など

窓口

ファシリテーターによる出前授業

実際に牛を連れて行き、乳搾り体験や子牛との触れ合い体験をすることもある。

地域の子どもたち

小学校など

認証規程に基づき、利用者が安全で安心して活動を行えるよう環境が整備されているかどうかを審査し、一定の条件を満たす牧場などを認証する。

日本酪農教育ファーム研究会

教育関係者と酪農関係者が連携して「食やいのち、働くことの学び」を充実、発展させることを目的とし、定期的に実践交流、意見・情報交換、研究活動を行っている研究会。

小学校に牛が来た！

酪農教育ファームの活動を知って、いつかは息子の通う学校に牛を連れてきたい！ と考えるようになり、それが1つの夢でもありました。

まだ息子が小さかったころに、東京都内の小学校で酪農教育ファーム活動として実施された“わくわくモーモースクール”を取材する機会がありました。その際に、ある酪農家さんが「お子さんが大きくなったら学校に牛を連れて行ってあげるよ」と言ってくださいました。その言葉がとても嬉しくて、その夢を実現するため、私自身が小学校と酪農教育ファームの現場との橋渡しになろう！ と、八王子市立由木中央小学校のPTA本部で副会長を務めたりもしました。そのご縁から副校長先生に直接交渉し、2022年の12月、ついに小学校に牛がやって来ることになりました！

私の住む八王子市では、多摩地域の酪農家さん数名が有志で集まり、年に一度3日間に限定して、市内の小学校に牛を連れて行く活動をされています。牛への負担なども考え、一度に対応できるのは児童80名前後とのことでしたので、息子たちの学校では2年生が体験することになりました。

当日は児童を2つのグループに分け、半分は校庭で乳搾り体験と写生、半分は体育館で酪農家さんの話を聞い

小学校から一番近い小俣牧場さんが牛を連れてきてくださいました。

ていました。私もお手伝いとして当日参加させていただき、巨大な搾乳カーに驚いたり、大きな牛を前にして子どもたちが「右から見よう！ 次は左から！ かわいい～！」とはしゃぐ声や、キラキラと輝く目、たくさんの笑顔を間近で感じられ、とても楽しいひとときでした。

写生をしていた子どもたちの絵には、牛のそばに酪農家さんが描かれていることも多く、牛の存在と同じくらい、酪農家さんの姿や言葉も強く印象に残っているのだろうなと感じました。

2年生の子どもを持つ友人からは、家に帰ってから子どもがとても嬉しそうに牛の話をしてくれて、「家族で牧場に行こうね」と約束したとおしえてもらいました。

こういった体験をきっかけに、家族で命や食について話をしてみたり、どこかの牧場へ遊びに行ってみたりして、その先でまた牛と触れ合って、一人でも多くの子どもたちが酪農のファンに、また理解者となってくれたら嬉しいなと思います。

トラックの荷台が横に開き、搾乳体験カーへと変身します。

それぞれの想い

酪農教育ファームの素晴らしさに触れ、もっと知識と経験を重ねたいと思い、2022年より「日本酪農教育ファーム研究会」に所属しています。私自身も一度、定例会の中で講演をさせていただいたのですが、高校時代の牛たちとのお別れの話をした際に、共感してくださる方々がたくさんいらっしゃって、想いを同じくする素敵な方々がこの活動を支えていらっしゃるのだなと感動しました。また、定期的に行われる実践報告会では、心温まるエピソードの数々に、毎回学びを深めています。

酪農教育ファームの活動に携わる酪農家の皆さんや日本酪農教育ファーム研究会の会員でもある先生方が、どのような思いで、子どもたちに命の授業を行っているのか、もっとたくさんの方に知っていただきたいと思い、ほんの少しですがご紹介させていただきます。

神奈川県平塚市 片倉牧場
片倉幸一さん

片倉さんが子どもたちの受け入れを始めたのは今から20年ほど前。近隣の小学校から「見学させてください」と声をかけられ、「子どもたちが喜ぶなら」と受け入れたことをきっかけに、長年にわたり継続されています。

平塚市内の酪農後継者からなる“角笛会”のメンバーとともに小学校などへ牛を連れて行ったり、片倉さん個人として牧場での体験を受け入れたり、またフラッと立ち寄った子どもに「バター作りしていくか？」と声をかけたりと、活動のしかたは多彩です。

そして、片倉牧場では敷料の一部に小学校でシュレッダーにかけた紙くずを再利用しています。子どもたちにとって、自分たちの日常生活が意外なところでつながり、役に立っていることが実感できる素敵な取り組みです。紙は堆肥となって土に還り、その土で育った野菜を地域の子どもたちが食べるという循環も素晴らしいなと思います。

トラックを運転していると子どもたちから手を振られることもある片倉さんですが、子どもに接するときはいつでも本気で体当たり。人生の先輩として、仕事の厳しさもしっかり伝えたいと言います。「牛は生き物だから、目や表情、仕草から“言葉”を感じ取らないといけない。それは人間同士も同じで、自分たちが生きていく上で必要なこと。相手をよく“見る”ことが、優しさや思いやりにつながるんじゃないかな」

牛は命の尊さだけではなく、“生きる力”までもおしえてくれているのかもしれません。

東京都練馬区 小泉牧場

小泉 勝さん

小泉牧場は東京23区内では唯一の酪農家さんで、20年以上、近隣の小学校からの牧場体験を受け入れ続けています。「子どもたちが牛や酪農を好きになり、応援団となってくれることで、地元住民からの理解も得られやすい。酪農教育ファームは地域社会の中で生き残っていくためにも必要な活動」だと話します。

体験内容は固定化せず、年度が変わるたび、初めに「何をしたい？」と聞くことから始めます。「いろんな牛がいるように、いろんな子どもがいるのが面白い。先生方は酪農家を『すごい！』と言って紹介してくれるけど、酪農教育ファームの主役は子どもたち。酪農家は脇役だから」と、子どもたちのやりたいことを引き出して、一緒に活動内容をつくりあげていくことを大切にされています。そういった姿があるからこそ、子どもたち自身の“学びたい”という気持ちが大きく育つのだろうなと感じます。

最近、「小泉牧場での体験を通して地域に愛着を持つようになった」という卒業生が、大学で建築を学ぶ中、その土地で牧場の環境を活かしたまちづくりに取り組んでいると聞き、自分の活動が未来につながっていると実感されたそうです。「大人になるにつれ、小さいころに学んだことは取捨選択されてしまうけれど、何かのときに牧場で触れあった“命”のことを、一つでも思い出してくれたら嬉しい」と、勝さん。体験に参加した子どもが大きくなって、その子どもを連れてくることもあり、世代を超えて愛される、みんなの自慢の牧場となっています。

日本酪農教育ファーム研究会 事務局長
横山弘美さん

横山さんが酪農教育ファームに出会ったのは20年以上前のこと。練馬区の小学校に赴任され、子どもたちに「この地域の自慢は何？」とたずねると、「小泉牧場！」との声が上がりました。横山さんご自身が「行ってみたい！」と思ったと同時に、子どもたちにとって大切な学びになる！と確信し、それ以来、たくさんの子どもたちとともに小泉牧場に通い続けてこられました。

印象に残っているのは、ある生徒が卒業アルバムに書いた文章。体験中に産まれた子牛が自分と同じ誕生日で、大きくなるところを見守りたかった。けれどその子牛はオスで、大きくなったらお肉になると知り、「牧場は、子牛が生まれる『誕生』という場であり、私たちに食べられてしまう『死』という場所でもあることがわかりました」と綴られていたそうです。3年生で感じた想いを卒業まで持ち続けてくれていたことから、この活動の大切さを改めて感じられたそうです。

その後「日本酪農教育ファーム研究会」を設立し、ライフワークとして全国の教員の方々とともにカリキュラムを練磨するなど、この活動への理解を広めるために日々ご尽力されています。

「小泉さんは子どもたちにも本気で接してくれる“ほんもの”の人。だから大好き。いろいろな酪農家さんに出会うたびに『たくさんの方をこの人に出会わせたい！』と思う」と、いつも明るい笑顔の横山さん。ご自身が酪農家さんの理解者でもあり、ファンでもあるからこそ、子どもたちにも酪農の魅力が伝わるのだと思います。

埼玉県小鹿野町ちちぶ路 吉田牧場

吉田泰寛さん

ご自身がまだ小さかったころから、牧場には地域の子どもたちがたくさん訪れ、牛の絵を描いたり、子牛と触れ合う姿があり、それが当たり前だと思っていたという吉田さん。酪農教育ファームの制度が始まったときには、自然とその活動に参加されたと話します。

毎年、埼玉県内の３～４校に牛を連れて行くほか、関東圏の小学校で行われる酪農教育ファームの活動には積極的に参加されています。毎日の牛の世話でお忙しいなか、吉田さんがこの活動に力を入れる理由は、「今の時代、情報は簡単に得られるし、どこにでも溢れているけれど、相手からじかに聞いたことは心に残る。一方的な押し付けではなく、私たちがきちんとした情報を伝え、そこから子どもたちが自分の心で考えてほしい。そういうコミュニケーションが重要だと思う」からなのだそう。

酪農教育ファームの体験の中では“酪農の主役”である乳牛（お母さん牛）との触れ合いを大切にされていて、乳搾りの前には牛のお腹を優しく撫でながら「よろしくね」と声をかけるように促し、「せっかく体験するなら、明日から牧場で働けるくらい学んでいってほしい」と笑います。子どもたちと接する吉田さんはいつもとても楽しそうで、子どもたち、牛たちに向ける笑顔から、あたたかさと同時に、想いの強さが感じ取れます。

「牛乳やお肉だけではなく、私たちが毎日食べているものの背景が見えたら、自然と感謝の気持ちが湧くのではないかな。」そんな気持ちを抱きながら、“伝える”活動は続いていきます。

日本酪農教育ファーム研究会会長
板橋区立志村第三小学校校長

福井みどりさん

小学校の教員になり10年が経ったころ、1年生の担任となり、混迷するクラスの中で自分はまだまだ学びが足りていないと挫折を経験した福井さん。当時の校長に「辞めます」と伝えますが、引き止められ、「何がしたい？」と聞かれたそう。「子どもたちに命のぬくもりを教えてあげたい」と答えると、「牛でも見に行くか？」と言われ、子どもたちとともに訪れたのがちちぶ路吉田牧場でした。

訪問時に吉田さんが豚汁を出してくださって、「この野菜を育てているのは牛のうんちやおしっこ。豚汁の中身は全部牛さんがくれたようなもの。命は自分だけのものじゃない。みんなの命はたくさんの命でできているんだよ」と話してくださったことで、「自分は一人じゃない」と、子どもたちの目に輝きが宿ったそうです。

以前、私が福井さんの授業を見学させていただいたときのこと。児童からの「なぜ人間の肉は食べないの？」

というむずかしい問いに対し、「すごく大事な質問」とまず受け止め、「動物たちは誰も私たちを食べてくれない。それは人間が食物連鎖のピラミッドに入っていないから。『いただきます』は人間にしか言えない言葉。だから私たちは『いただきます』を言わなければいけないと思う」と答えていたのが印象的でした。

「死を知ることは、生きることを知るのと同じくらい大事」と語りながら、子どもたちを想い、周りの先生方の理解を深め一丸となれるよう「酪農教育ファームのために校長になった！」という福井さんの人生は、まさに酪農教育ファームとともにあり、その熱意と覚悟に胸を打たれます。

第4章

カウボーイ・カウガール
スクール

磯沼牧場

磯沼牧場は東京の端っこ、八王子市にあり、100頭ほどの牛を飼養している酪農家さんです。私が初めて磯沼牧場を訪れたのは2008年のこと。当時はカメラマンとして活動しはじめたばかりで、酪農雑誌で撮影のお仕事をいただいた際に、お勧めの牧場を尋ねると、磯沼牧場を案内してくださいました。

初めてお会いしたとき、磯沼正徳さんはたくさんの方に囲まれ、両手にピザとワインを持ち、ワッハッハと笑っていました。これが東京の牧場か！ と衝撃を受け、そのときから、磯沼牧場は私にとって憧れの牧場であり続けています。

その後、何度か通う中で磯沼さんの“夢”を聞くにつれ、自分も一緒にその夢を追いたい！ この方についていきたい！ と思い、以来、ずっと通い続けています。

「牛と人の幸せな牧場」

タイトルの言葉は、磯沼牧場の二代目である磯沼正徳さんがずっと大切にされている言葉です。

磯沼牧場の歴史は古く、東京都八王子市の土地で、元禄時代より約300年、野菜などをつくる農業を営まれてきました。1952（昭和27）年、正徳さんが産声をあげたその年に、八王子市が酪農振興地域に指定されたことを機に、先代が1頭の乳牛を迎え入れます。酪農家としての磯沼牧場のスタートです。

4人兄弟の長男である正徳さんは、忙しいご両親の背中を見て育ち、小学校に入学するころには自然と仕事を手伝っていたといいます。中学1年のころ、祖父のご葬儀で家をあけた先代に代わり、初めて一人で搾乳の仕事を任されたときに、「これが俺の仕事だ。一生やるぞ」と心に決めたのだそうです。その決意のまま農業高校、農業大学へと進み、卒業後は先代とともに酪農業に励みます。

当時は牛をつないで飼っていましたが、26歳でオーストラリアの酪農研修に参加した際に、放牧場でゆったり過ごしている牛を見て衝撃を受けたといいます。酪農は仕事であると同時に、人生を豊かにする楽しみでもある。そんな様子を目の当たりにして、これが自分の目指す牧場の形だと確信します。

そこで得た知識を活かし、日本に帰るとすぐにフリーバーンという、牛が自由に動ける飼い方へとシフトしました。搾乳も最新式のミルキングパーラー（牛が自ら搾乳場へ入って来る方式）を導入するなど、家畜福祉を大切にする方向へと変化してきました。また、1994年には牧場内に「世界一小さなヨーグルト工房」を建て、酪農家ならではの自家製ヨーグルトをつくるべく、研究を始めます。

「ミルクは“かあさん”の血液からできている。牛は命がけで牛乳を分けてくれるから、牛と人とがエールを送りあえるようなものをつくりたい。」そんな想いを持ちながら試行錯誤を重ねるうちに、同じ品種の牛（ジャージー）を、同じ環境、同じエサで育てても、ミルクの味は１頭１頭明らかに違っていることに気づいたと言います。それならばヨーグルトにも牛の個性を生かせるのではないかと考え、牧場にいる牛たちの中から、その都度一番乳質の高い牛を選び、日本で唯一の“１頭のかあさん牛のお乳”からつくる「かあさん牛の名前入りプレミアムヨーグルト」を発売するに至りました。これはお客さまにも好評で、「ブラウスちゃんのヨーグルトはある？」と、牛を名指しでリクエストされることもあったそう。また、名前入りヨーグルトを食べた人が、牛の群れの中からその牛を探して「美味しかったよ。ありがとう」と声をかける姿を目にして、“牛と人はエールを送りあえる”と確信したと言います。

ある酪農家さんは、正徳さんを「酪農業界のパイオニア（先駆者）」だとおっしゃっていました。それでも正徳さんご自身は「まだ道半ばで、何も成し遂げていない」と言います。いつまでも夢を追うことを諦めない姿勢が

「酪農の魅力は牛の命とかかわることで、その牛の持つ能力を開花させ“一生のドラマ”に付き合う。家畜の命を生かすところが牧場であり、働く動物に精一杯の世話をすることでミルクやお肉をいただける」と、磯沼さん。

とても素敵で、尊敬します。

また、磯沼牧場は観光牧場ではありませんが、牧場を“人の集まる広場”にしたい！ と、オープンコミュニティファームとして開放しています。牛たちを真ん中にして、いつもたくさんの笑い声が響く磯沼牧場は、まさに「牛と人の幸せな牧場」です。

生まれる前から磯沼牧場に通い続けている大智。正徳さんには小さいころからずっとかわいがっていただいています。

カウボーイ・カウガールスクール

酪農の魅力を一人でも多くの人に伝えること。それこそが、東京という土地で酪農を続ける意義なのでは……、と正徳さんは考えます。そうした思いから、いろいろなイベントを開催し、牧場の楽しみ方を伝え続けています。

その一環として、「牛の一生に付き合う大変さと喜び」を子どもたちにも経験させたいと、カウボーイ・カウガールスクールという活動を30年あまり続けてこられました。

私も子どもを授かってからずっと「わが子にもこの経験を味わってほしい」と憧れ続け、息子の大智が小学3年生の終わりから、カウボーイ・カウガールスクールへ入会することとなりました。

子牛に名前を付ける

カウボーイ・カウガールスクールに入会して一番最初に手がける仕事は「子牛に名前を付ける」ことです。名前を付けた牛は、年間を通してお世話をしながら、ともに成長する姿を見守っていきます。

何頭かいる子牛の中から、大智はホルスタインの子牛を選んで、白黒柄のシロの“ロ”と、クロの“ロ”を取り、「ロロ」と名前を付けました。

牧場に「自分の牛」がいる。こんなに嬉しいことはありません。

高校時代に自分が世話をした「りく」や「定雄」、「なずな丸」を思い出しながら、大智がどんな風に牛とかかわり、何を感じて成長してゆくのか、息子以上に楽しみな母です。

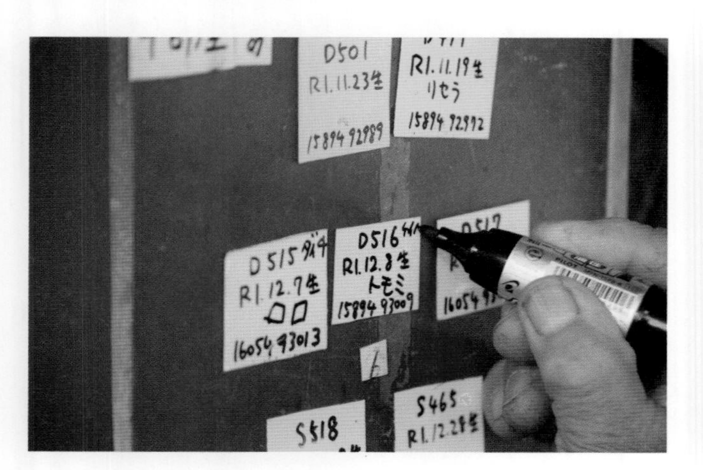

カウボーイ・カウガールスクールの1日

～9：00　早く来れば朝の搾乳も見学できます

9：00～　子牛の哺乳
子牛と育成牛の世話（主にエサやり、掃除）

10：00～　牧場の仕事
（季節の農作業など）

11：00～　ランチづくり

12：00～　ランチミーティング
（みんなでつくったランチを食べながら楽しくお話ししたり、質問なども）

13：00～　乳搾り体験のお手伝い

14：00～　自由時間（放牧場を見に行ったり、秘密基地で遊んだり、ときには絵を描いたり、思い思いに過ごします）

16：00～　子牛の哺乳
子牛と育成牛の世話
あと片付け、解散

大智が名付けたロロ（左）と、一緒に入会した圭太くんが名付けたトモミ（右）。1日違いで生まれた子牛たちです。「（牛たちも）同じ釜の飯を食った仲間はよく覚えている」という磯沼さんの言葉どおり、いつも一緒にいた2頭です。

子牛の哺乳

まずはじめにミルクを用意します。ミルクを牛の体温（40℃前後）くらいに温めて、それぞれの子牛の身体の大きさや健康状態などを確認しながら、「この子牛には5杯」「この子牛には6杯」と数えながら、哺乳バケツに移していきます。

何杯入れたか間違えないように、子牛の小屋にバケツをセット！　このとき、お腹を空かせた子牛によく頭突きをされるので、慎重に……。

生まれたばかりの子牛には哺乳瓶を使うことも。

中くらいの子牛たちには一斉にミルクをあげるので、早く飲み終わった子牛が隣の子牛のミルクを飲んでしまわないように、手を吸わせて時間をかせぎます！

全員飲み終わったあとに、お互いの口についたミルクを吸い合う子牛たち。この光景が好きです。

「くすぐったいよ～」

子牛・育成牛の世話

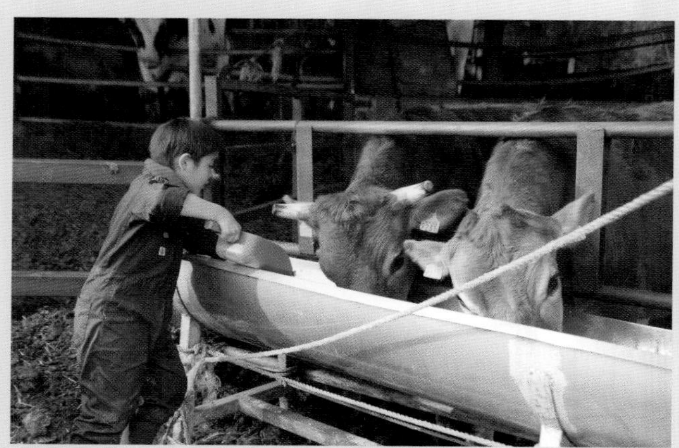

外にいる育成牛（お姉さん牛）たちにもエサをあげます。エサを積んだ一輪車はすごく重くて、バランスをとるのがむずかしい！ 牛たちの視線を感じながら、慎重に運びます。

子牛の部屋に新しい敷料を入れます。ふかふかベッドのでき上がりです！

「牛のエサってどんな味？」

子牛小屋の汚れた糞尿を取り除くのも大事なお仕事です。

牧場のお手伝い

搾乳前の牛たちが待機するスペース。牛たちが快適に健康に過ごせるよう、いろいろな場所を掃除します。牛の糞は重くて大変！

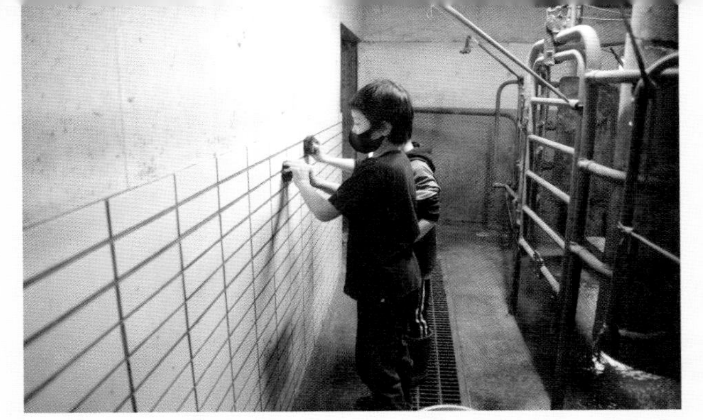

皆さんの手元に安全な牛乳をお届けできるよう、ミルキングパーラー（搾乳の部屋）の壁もていねいに磨きます。

磯沼牧場にはニワトリもいるので、ニワトリのエサやりや水の入れ替え、たまごの収穫も！

春

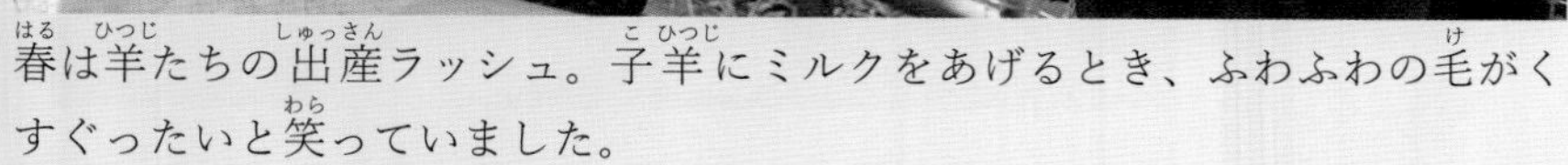

春は羊たちの出産ラッシュ。子羊にミルクをあげるとき、ふわふわの毛がくすぐったいと笑っていました。

夏

田んぼのお手伝いも大切な仕事です。

夏休みには放牧場でキャンプを楽しみました。暑かった～！

秋

田んぼの案山子と。豊作を祈ります。

収穫の秋！ 自分たちで火を起こして焼き芋パーティーも。

お母さん牛に、おからをどうぞ！

冬には焚き火を焚いて、みんなであったまります。本格的な臼と杵での餅つきも農家さんならではのお楽しみです。

お正月には田んぼで凧あげ大会も！
ゆらゆらと穏やかに青空を舞う凧のように、幸せな一年を願います。

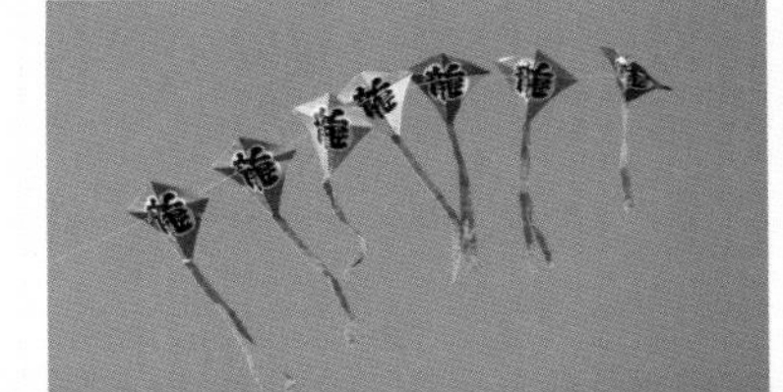

ランチづくり

畑で収穫した野菜を使って、慣れない手つきでがんばって調理します。大人がサポートすることもありますが、子どもたちもつくるのが楽しいようです！

ランチ・ミーティング

「いただきまーす！」
自分たちでつくったご飯を青空の下で食べるのは、何ものにも代えがたい喜びがあります。すぐ隣に牛を眺めながら、命の恵に感謝して、毎回美味しくいただいています。

乳搾り体験のお手伝い

カウボーイ・カウガールスクールのある日曜日は、磯沼牧場で乳搾り体験を実施しているので、子どもたちも手指消毒や案内、牛乳の配布などを手伝います。牧場案内についていくと、いろいろなお話が聞けるため、子どもたち自身の勉強にもなります。

乳搾り体験のオプションのバターづくり。子どもたちもお手伝いをしたり、キャンセルなどで材料が余ったときには体験させていただけることも。ジャージーミルクでつくるフレッシュなバターは濃厚で、とっても美味しいです。

バターの瓶を振っていると、じゃぶじゃぶ〜どんどん〜バシャバシャ！ と、途中で2回、音が変わります。
いったんクリーム状になって音が静かになりますが、さらに振り続けると水分と固形分が完全に分かれ、それで完成です。大人でも腕が疲れます。

大きくなった若牛を放牧場に放して運動させて、出産が近くなると、お産部屋へ移動します。牛の移動を間近で見ると大迫力！　良い経験です。

取り壊されてしまいましたが、裏山の小屋を秘密基地にして遊んでいました。
牧場はまさに宝の山です。

ロロの成長

7カ月。お姉さん牛の部屋へ移動しました。

10カ月。放牧場の仲間入りです！

冬はちょっぴり毛がふさふさになります。

15カ月。お母さん牛のスペースに移動です。

夏の間、神津牧場（群馬県）の広くて涼しい山の放牧場に預けられたロロ。この素敵な光景を大智に見せたくて、一緒に会いに行きました。

このとき、カウボーイ・カウガールスクールを始めてから1年半。牛との距離感、扱い方がすごくうまくなっていて驚きました。牛が優しいことを、心で理解したのだと思います。

命をいただく

カウボーイ・カウガールスクールとは別の機会ですが、磯沼牧場で育てたジャージー牛のレバーを食べる会に、子どもたちとともに参加したある日、大智はお肉の塊を見て、はじめにポツリと「かわいそう」と言いました。

私自身も牛を好きになって、お肉を食べることについて葛藤した時期があったので、その気持ちはとてもよくわかります。そこで大智が食べない選択をするなら、その気持ちを尊重したいと思っていました。ですが、そのあと、大智が言った言葉は「ぼくの命を奪ったんだから、全部食べてね!!」でした。参加者みんなに聞こえるように、息子なりに牛の想いを感じて代弁したかのようでした。

私が高校時代に、何度も何度も何度も、自問自答を繰り返して、悩みに悩んで出した「命を無駄にしたくない」という答えに、息子はこんなに早くたどり着いたのかと思うと感慨深く、涙が出そうになりました。

親がいくら口を酸っぱくして「食べ物を大切にしなさい」「残さず食べなさい」と言っても、頭で理解するのはなかなか難しい。でも!! 子どもはちゃんと、自分自身で感じ取るチカラを持っているのだなと実感しました。

食育を知識として学ぶことも大切ですが、まだ純粋な子どもだからこそ、身体で触れて感じることで得るものの方が大きいのかもしれません。牧場での「体験」は人生の「経験」として、子どもたちの心と身体に深く刻まれていくと思います。

会が終わったあと、磯沼さんからいただいたお言葉です。

磯沼 正徳

確かに大智くんのメッセージは皆さんに届いていました！！
食べ物がどこから来たのか？
確かに牧場にいた牛の命が食べ物になった！
感謝して食べましょう！！
牛の命を人間が食べ物として人間の生命を支えてゆく！！
人の細胞の記憶の中に牛の命が昇華してゆくことが理解できたことは素晴らしい事だと思います。
牧場の恵みは多くの人々に健康と幸せをもたらしてくれます。
酪農の仕事は人類のある限り永遠にい続く無くてはならない仕事です。

第5章

あたらしい命

レインボーミルクの夢

磯沼さんの夢は、7種類の乳牛を飼い、レインボーミルクをつくること。ミルクの色はもちろん白。ですが、その夢は虹のようにキラキラと輝きに満ち溢れています。

私が初めて磯沼牧場を訪れた2008年当時には、ホルスタイン、ジャージー、ブラウンスイスの3種類の乳牛がいて、それだけでも1カ所にこんなにたくさんの種類の牛がいるなんて、なんて凄い牧場なんだ‼と興奮したのを覚えています。

「レインボーミルク」という素敵な夢は、そのころから磯沼さんの頭の中にあって、私も一緒に楽しみにしてきました。

4種類目にエアシャーが、5種類目にガーンジーが仲間に加わり、6種類目のミルキングショートホーンが牧場へ来たのが2017年のこと。そして2021年、長年の夢であった7種類目の乳用種となるモンペリアルドが磯沼牧場で誕生します。

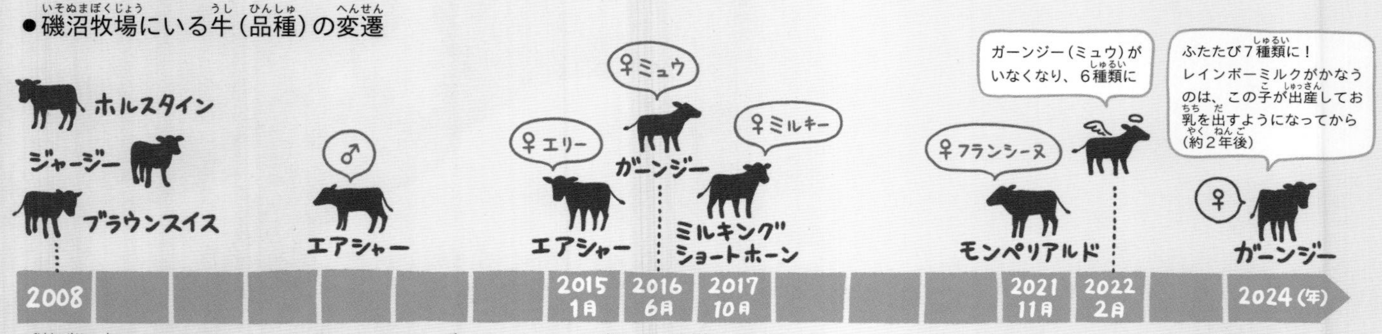

※品種名の呼びかたについて　・「モンベリアルド」はフランス語でMontbéliardeと書くため、日本では「モンベリアルド」「モンベリアード」「モンベリアール」など、いろいろな呼び方をされています。
・「ガーンジー」についても「ガンジー」「ガーンジィ」などと呼ばれることがあります。

ホルスタイン

オランダ・フリーネ地方やドイツのホルスタイン地方原産。白黒模様が特徴です。体が大きく丈夫で飼いやすく乳量も多いため、日本の乳用種の約99%を占めます。

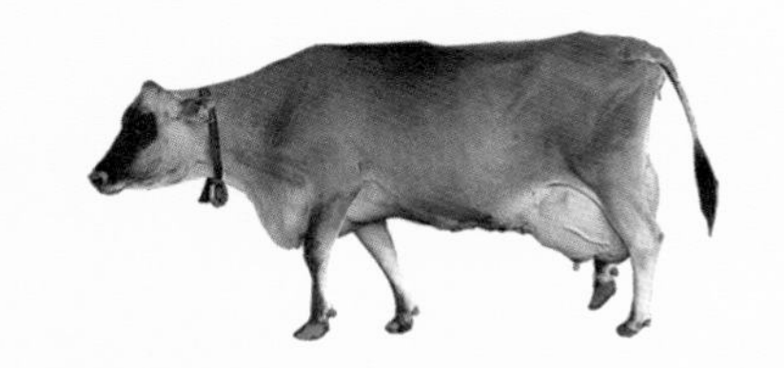

ジャージー

イギリス・ジャージー島原産。小柄で茶色いのが特徴です。好奇心旺盛で人懐っこい子が多いです。

ブラウンスイス

スイス原産。名前はブラウンですが、全体的にグレーっぽい。ほかの種類と比べて耳の毛がとてもふさふさしています。

ガーンジー

イギリス・チャンネル諸島のガーンジー島発祥。薄い茶色の斑紋があります。牛乳はβ-カロテンを多く含み、黄金色をしているため、ゴールデンミルクとも呼ばれています。

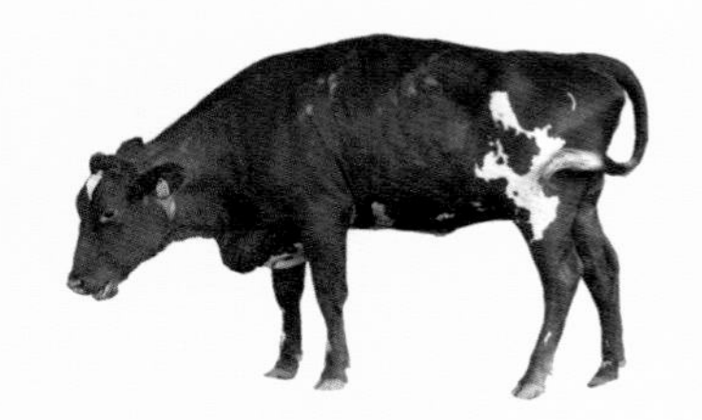

エアシャー

イギリス・スコットランド西部エアシャー州原産。赤褐色の斑紋があります。ホルスタインもときどき赤毛が生まれるため、間違われやすいです。

ミルキングショートホーン

イギリス原産。赤茶と白の毛が細かく混ざっています。もともと肉用種なので少しぽってりした体型をしています。

ミドリちゃんの出産

2021年11月。モンペリヤルドをお腹に宿したミドリちゃんの出産が近づいてきました。私にとっても大きな夢であった7種類目の牛の出産に、どうしても立ち会いたくて、出産予定日の週からは頻繁に磯沼牧場を訪れ、もしもお産が始まりそうなときは、いつでも連絡をくださいとお願いしていました。

出産予定日である11月4日、子どもたちを連れてまた様子を見に行くと、お乳も張っていて、いつ生まれてもおかしくない状態のようでした。急きょ、そのまま泊まり込み、徹夜で見守らせていただき、翌朝の10時前に、ぶじに子牛が誕生しました。

出産の様子を時系列に沿ってご紹介します。

11月4日12:00

今回の主役、もうすぐお母さんになるホルスタインのミドリちゃん。会いに行くと寄ってきてくれる、素直でかわいい女の子です。

15：30

横になると少し苦しいようで、ウーっと唸ってすぐに立ってしまいます。

私自身も妊娠・出産を経験したことがあり、いつも思うのですが、ヒトは、あらかじめ誰かから聞いたり雑誌やネットでたくさん知識を得た状態で出産に挑みます。でも牛たちは、自分の知らない間にお腹の中で赤ちゃんが育ち、もそもそと動いたり、身体が重くなってきて、そしてあるとき急に産気づいて……これほど不安なことはないだろうなと思います。それでも健気に出産に立ち向かう牛たちに、尊敬の念を抱かずにはいられません。

16：00

お腹の中の違和感にソワソワ。今すぐ生まれそう！ という緊迫した状態ではありませんが、しきりに身体を舐めています。

23：00

夜中には普通に座るのも苦しいようで、ウーっと唸りながら足を伸ばして寝転がり、少し休んでは立つ動作を繰り返していました。

11月5日 8：00

日が昇り、朝を迎え、8時ごろにはだいぶ尻尾が上がってきました。出産が近づいています。

9：40

小さな足が。いよいよお産の始まりです。

おっぱいも勢いよく飛び出しています。いつでも出てきていいんだよ。

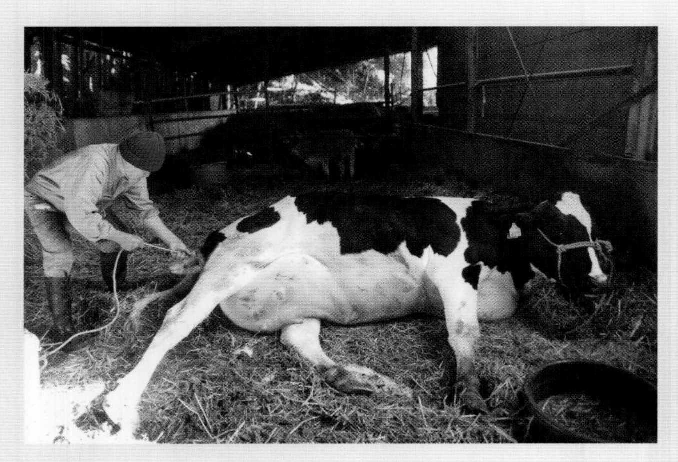

9：45

　ミドリちゃんは初めての出産でしたので、できるだけ母体に負担をかけないため、子牛の足にロープを掛けて、引っ張る準備をします。

　2～3度引っ張ったのち、ミドリちゃん自身のいきみで自然と顔が出てきました！

9：47

写真を撮る間もなく、あっという間にするりと生まれてきた赤ちゃん！

磯沼さんもとても嬉しそうで、すぐさま性別を確認し、女の子とわかると思わず「バンザーイ！」の声。

子牛が動くので、壁にぶつからないようにとすかさず足でブロック！

モンペリアルドの特徴でもある、顔だけ白いこの模様！

優しい瞳で、子牛を舐めるミドリちゃん。
すっかりお母さんの表情になっているようです。

10:30　子牛が立った！ あたらしい命の誕生を祝うかのように、スポットライトのような光がさしていました。

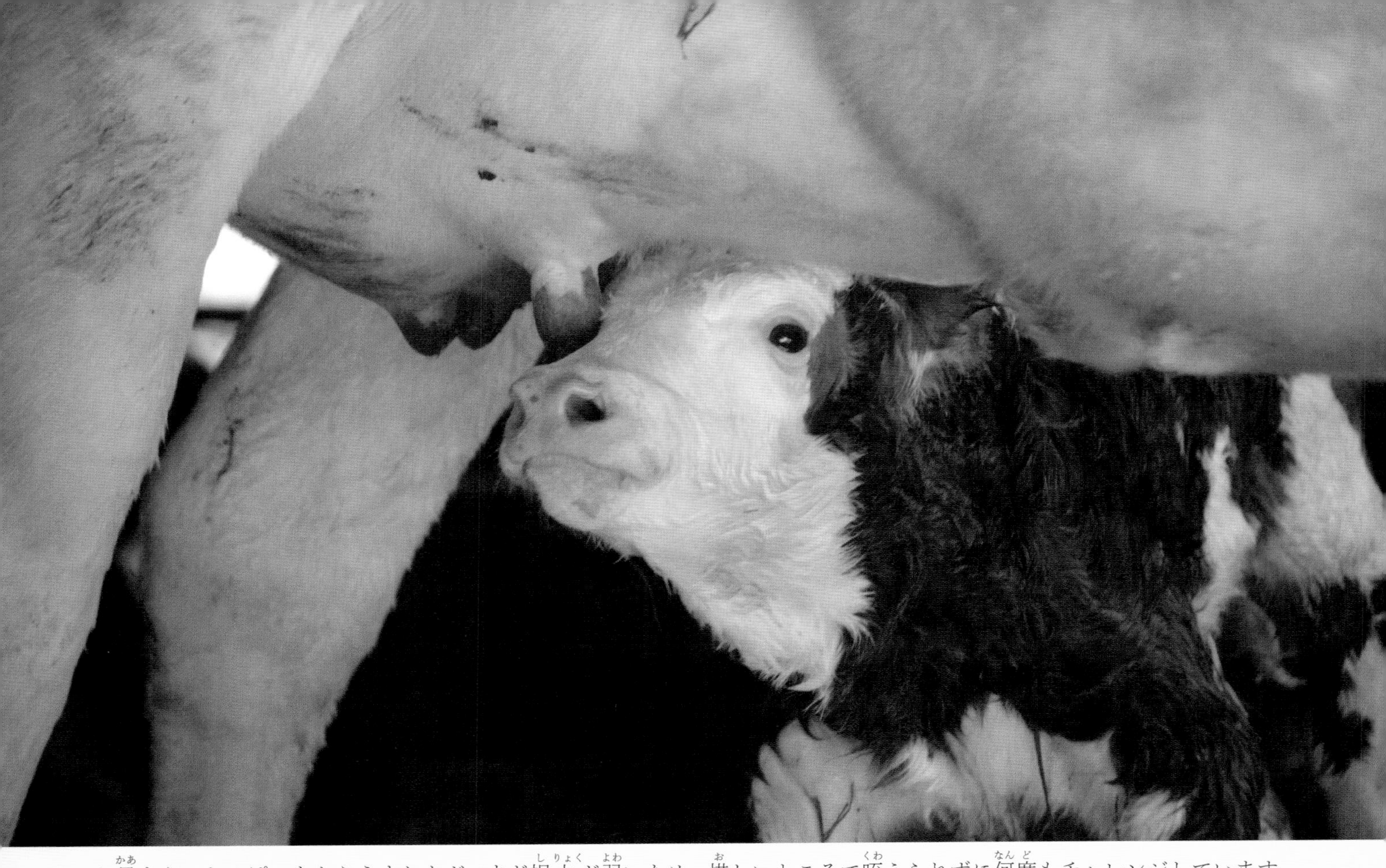

お母さんのおっぱいをとらえましたが、まだ視力が弱いため、惜しいところで咥えられずに何度もチャレンジしています。

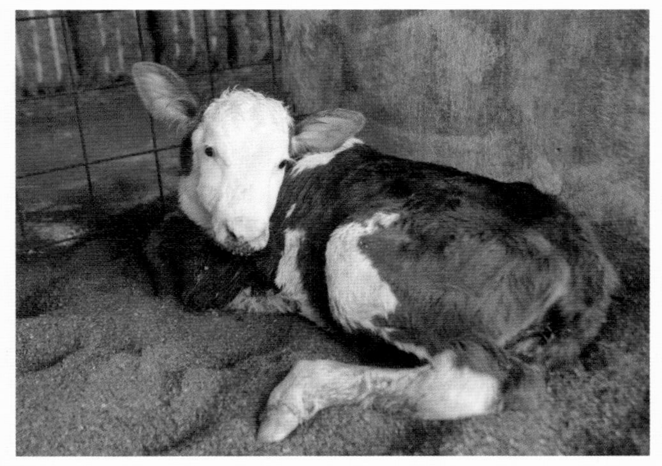

しばらくすると、ミドリちゃんは搾乳の部屋へ。赤ちゃんは子牛小屋へ移動です。改めて、私たちは赤ちゃんのためのミルクを頂戴しているのだなと実感します。その分、精一杯の愛情を返してあげたい……。

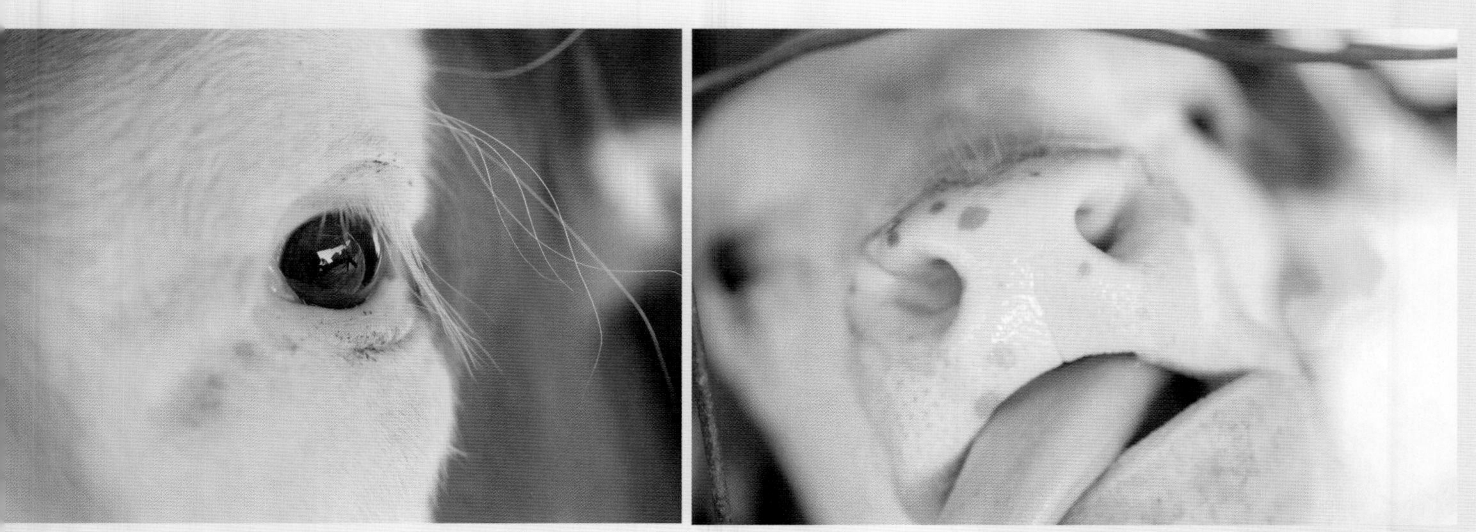

白いまつ毛と眉毛に、ピンク色のキュートなお鼻！

子牛は「フランシーヌ」と名付けられました。ようこそ！ 磯沼牧場へ！

その後すくすくと育ったフランシーヌちゃんは、2023年10月に出産し、お母さん牛となりました。

第6章

心を揺さぶる

笑って見送ってあげようね

大智が名前を付けた「ロロ」が、乳房炎という病気になり、治療の甲斐なく、出荷されることになりました。4歳のロロ。まだまだ若い月齢での出荷に胸が痛みます。

牧場でその話を伺ってから、大智にいつ、どう切り出そうかと悩み、結局言い出せないまま時が過ぎ、小学校が振替休日となった月曜に、一緒にロロに会いに行こうと思い、妹を幼稚園へと送り出したあと、二人で散歩をしながら話すタイミングをうかがっていました。すると突然、大智が「前さ、磯沼牧場でね……」と話し出し、牛が背中を押してくれたのかもと、私も意を決して、ロロが出荷されることを告げました。

大智はこれまでも牛が出荷されるのを見てきて、ロロもいつかは……と頭ではわかっていたようですが、それでも、突然のお別れに、「名前を付けただけなのに、こんなに悲しいんだね……」と肩を落とし、あとは何も言わず静かに受け止めたようでした。そのまま二人で牧場へ行き、牧場スタッフの方がご厚意で搾乳待機室にロロを移動してくださったので、エサをあげたりブラッシングをしたり、ゆっくりと一緒に過ごすことができました。大智がふと口にしたのは「ロロは俺たちが泣いていても嬉しくないから、笑って見送ってあげようね」という言葉。いつの間にか大きく成長したのだなと、びっくりしました。

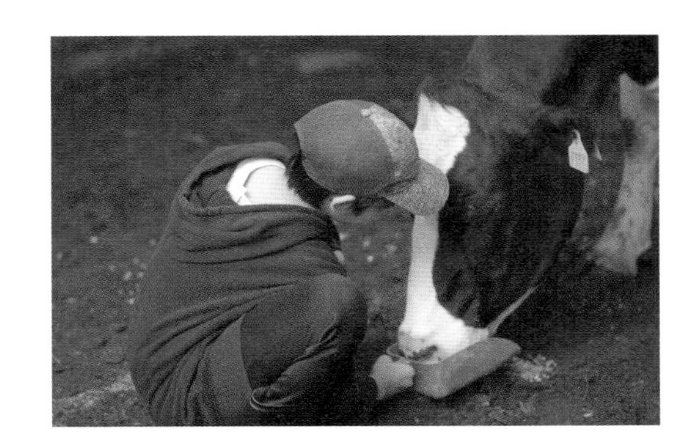

はじめは警戒していたロロですが、二人でたくさん声をかけているうちに、少しずつ近づいてきてくれました。

美味しいエサ、たくさん食べてね。

前と後ろ。尻尾が曲がっているのもチャームポイントです。

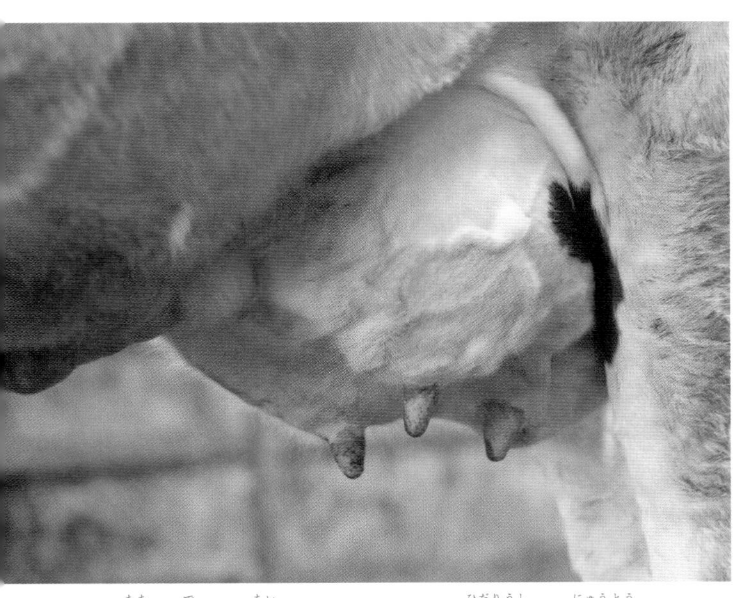

お乳が出ず、小さくなってしまった左後ろの乳頭。あとの3本からはお乳は出ますが、乳成分中の体細胞数が多く、ヒトが飲むための牛乳としては出荷できないそうです。

牧場をあとにして、帰りの車の中では感情がこみ上げてきたのか、「なんでロロなんだ！」「乳房炎なんてなくなれば良いのに！」と叫んでいました。悲しいよね。悔しいよね。

私も高校時代からこれまでも同じような経験を重ねてきましたが、自分自身の経験よりも、子どもが悲しい思いをする方がしんどかったです。でも、最期に会えないと後悔することも知っているので、ロロが旅立つ日、また二人で見送りに行くことにしました。

別れの日

4月27日。ロロの出荷の日。牧場スタッフの方にトラックが来る時間をおしえていただいて、子どもたちは小学校と幼稚園を休ませ、みんなでロロを見送ることにしました。

私の中では、人見知りで、臆病で、ちょっぴり暴れん坊なイメージのロロでしたが、いつの間にか貫禄がでて、大智が身を預けてもじっとしてくれていました。「ほんとになんで……こんなに天使なのに」ポロリと言葉がこぼれます。

寄ってきてくれたトモミ。トモミはロロと同時期に生まれ、圭太くんが名前を付けて一緒に成長を見守ってきた牛です。ずっと仲が良かったロロのことを心配しているのかな……。

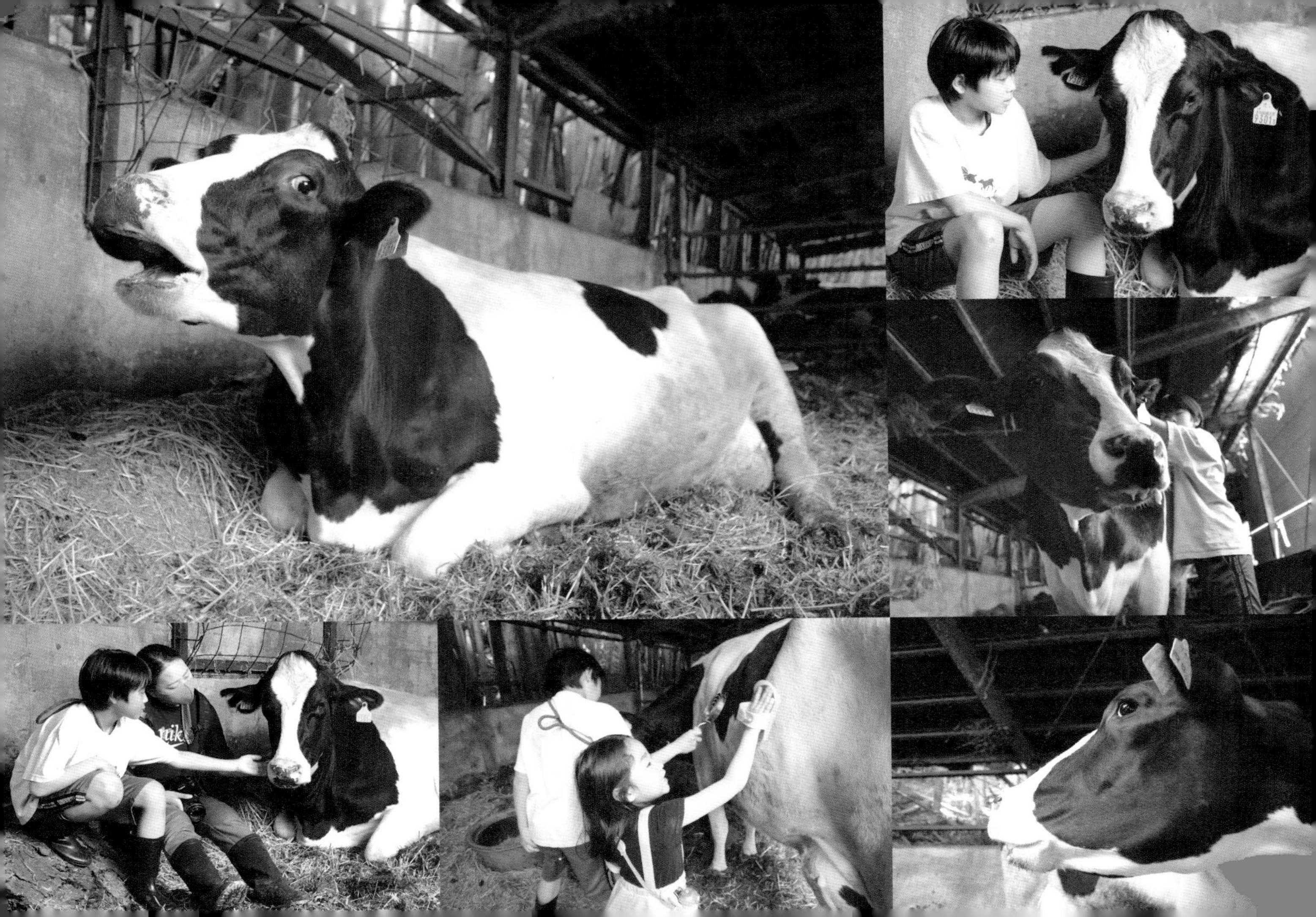

ロロは2頭の子宝を残してくれました。左がルルで右がドミノ。ルルのお腹には赤ちゃん（ロロの孫）もいます。元気で、すくすく育ってほしい。

夕方になり、お乳が張ってきたから……と、トラックが来る前に搾乳することに。私たちも最後に搾らせていただきました。
ロロのあったかいお乳、忘れません。

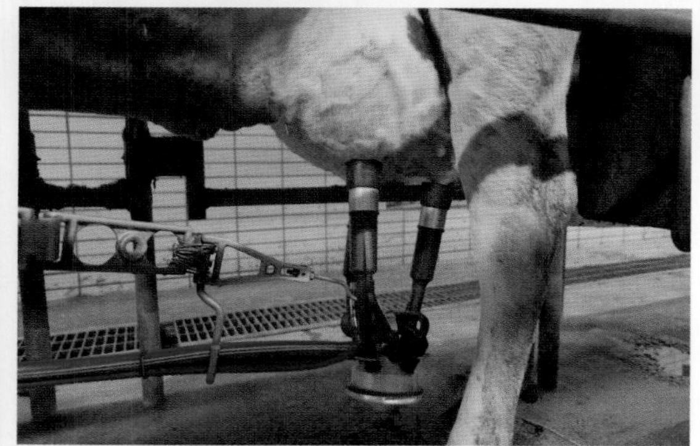

搾りはじめようとしたときにトラックの音が近づいてきて、一気に現実に引き戻されました。

ちょうど1年前、ロロはこうしてトラックに乗って、大空と草原の広がる神津牧場へと運ばれ、半年間そこで元気に駆け回っていました。それを覚えていたのか、すんなりとトラックに乗ったロロ。もしかすると「今度はどこの牧場に行くのかな～♬」と思っていたかもしれません。こわい思いをせずに最期を迎えられるのなら、せめてもの救いのような気がします。

笑って見送ろうと決めていた大智も、頭から毛布を被りながら、大泣きしていました。私も泣かないつもりが、肩を震わせて泣く大智の様子に、涙が止まりませんでした。

酪農家の皆さんはきっと、この何倍もの痛みを抱えながら命と向き合っているのでしょう。ありがとうとか、ごめんねとか、そういう言葉では言い尽くせません。私たちはいつも、誰かが大切に育てた命をいただいているのだという自覚を、改めて胸に刻みたいと思います。

子どもにとって、こうした経験がどのように作用するのかは人それぞれだと思います。お肉を食べるのがこわくなる子もいるかもしれません。それも良いと思います。心で感じて、考えることが大事なのだと思うのです。

母としての私個人の想いは、美味しく、無駄なくいただくことで、自分の命も、ほかの命も大切にできる子に育ってほしい。そう願っています。

第7章

生きた証を

牛はヒトが生きるための資源となる動物ではありますが、それ以前に、心を持って生きている動物だということを、私自身が忘れないために。

また、その魅力がたくさんの人に伝われば良いなと願いながら、これからも写真を撮り続けていきたいと思います。

牛が健康でいてくれるからこそ、私は牛に会いに行ける。牛が健康でいてくれるからこそ、牛のかわいい表情が撮れる。「牛が健康でいる」ということは、農家さんをはじめ、家畜たちの命と日々誠実に向き合われているたくさんの方々の努力と愛情の賜物だといつも感謝しています。

9254

9221 6

9268

5

あとがき

農芸高校に入学したのは1994年のことなので、私が牛と関わるようになってから、今年でちょうど30年を迎えました。

高校時代のすべてを牛とともに過ごし、その後、酪農ヘルパーとしての経験を経て、牛写真家を志しました。ひたすらに牛と向き合う青春時代を過ごし、“牛のかわいさ”をたくさんの方に伝えたい！　という想いでシャッターを切ってきました。私自身が母親となってからは“純粋な子どもの目”というフィルターを通して牛を見るなど、牛との向き合い方が多面的になっていき、かわいいだけではなく、実は大切なことをたくさんおそわってきたと実感するようになりました。本書には、そんな30年分の経験と想いが詰まっています。

みんながみんな“こうあるべき”ではなく、読んでくださった皆さまがそれぞれの環境の中で想いを巡らせ、いま一度「食と命」について深く考えてみようと思えるような、ひとつの“きっかけ”になれたら嬉しいなと思っています。

今、私自身は子育てで、失敗と反省を繰り返す日々です。

それでも、子どもたちが素直に育ってくれているのは、小さいころから動物たちと触れ合ってきたことや、酪農家さんをはじめ、周りの大人の方々が優しく接してくださっていることが大きく影響していると思っています。特に、私が公私ともに15年以上通っている磯沼牧場の皆さまには、子どもたちが小さいころからとてもかわいがっていただいています。子どもたちにとって、磯沼牧場は人生の原点となり得る場所です。

なお、本書に掲載されている牛たちの写真は、第2章と第3章以外は、磯沼牧場で撮影したものです（「ロロ」が預託されたときの写真のみ、神津牧場で撮影）。東京という土地に磯沼牧場があること、そこで磯沼正徳さんが酪農を営んでいること、その環境が、私には奇跡のように思えてなりません。

全国に目を向ければ、素敵な酪農家さんはたくさんいらっしゃいます。その姿に想いを馳せながら、１杯でも多くの牛乳を皆さんも飲んでいただけたら嬉しいです。100年先も、全国各地で多くの牛たちに出会える未来でありますように。

私が思うままに綴ってきた原稿を「読んでみたい」と言ってくださった緑書房の島田明子さんに深く感謝申し上げます。また、一冊の本という形に仕上げるにあたっては、緑書房の皆さまをはじめ、多くの方が関わってくださいました。本書の出版にご協力いただいた方々に、この場を借りて心より御礼申し上げます。

2024年５月
高田千鶴

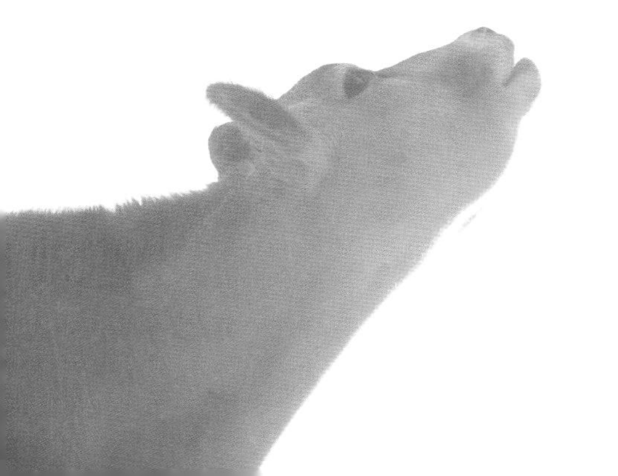

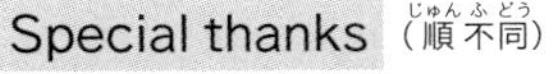

（順不同）

磯沼正徳さん／磯沼牧場／TOKYO FARM VILLAGE／カウボーイ・カウガールスクールの仲間たち／“牛とおっちゃん”にご協力くださった酪農家の皆さま／日本酪農教育ファーム研究会および酪農教育ファームの活動に携わる皆さま／大阪府立農芸高等学校／全国の酪農家の皆さま／さまざまな立場から日々家畜たちと向き合う畜産関係者の皆さま／牛たちのそばで喜びや悲しみを分かち合ってきた仲間たち／応援してくださる牛好き仲間の皆さま／いつも近くでたくさんの笑いと元気をくれる友人と家族

そしてさいごに。りく、なずな丸、定雄、ロロをはじめ
これまで生きてきた牛たち、いまを生きている牛たち
これから生まれてくる牛たち
すべての牛へ　愛と感謝を込めて

〈著者プロフィール〉
高田千鶴（たかた ちづる）
1979年大阪府生まれ。1994年大阪府立農芸高等学校資源動物科に入学、3年間を通して大家畜部（牛部）で牛の世話を経験する。酪農ヘルパーの職務経験を経て牛写真家に転身。カメラ片手に全国の牧場をめぐり、写真を撮り続けている。著書に『うしのひとりごと』（河出書房新社）など。2015年より酪農専門誌『Dairy PROFESSIONAL』にて「牛とおっちゃん」を連載中。
USHICAMERA
https://ushi-camera.com

牛がおしえてくれたこと

2024年6月20日　第1刷発行

著　者　高田 千鶴
発行者　森田 浩平
発行所　株式会社 緑書房
〒103-0004
東京都中央区東日本橋3丁目4番14号
TEL 03-6833-0560
https://www.midorishobo.co.jp
編　集　島田 明子、石井 秀昌
デザイン　リリーフ・システムズ
カバーデザイン　尾田 直美
印刷所　広済堂ネクスト

ISBN978-4-89531-958-4　Printed in Japan